高等职业教育建筑设备类专业"互联网＋"数字化创新教材

工程制图（含习题集）（第三版）

配套习题集

侯 冉 尚伟红 主编

中国建筑工业出版社

本习题集与教材《工程制图（含习题集）》（第三版）配套使用。

本习题集按国家颁布的有关标准及规范、规定的要求编写，选编了投影作图等制图基础理论和基本知识（投影作图、施工图识图及抄图资料）。

本习题集加强了与专业相关的内容，如展开图、工程管道双单线图、施工图识图及抄图等内容。其主要任务是培养学生的图示、图解、读图能力和空间思维能力，领会工程制图标准，掌握建筑设备相关专业工程图的识图方法与绘图技能，为学习专业课及其他课程打下良好的基础。

本习题集可作为高等职业教育建筑设备相关专业工程制图实践教学用书，同时，也可作相关专业和生产一线工程技术人员学习参考书。

目 录

平面几何图形绘制 …………………………………………………………………………… 1
点的投影 …………………………………………………………………………………… 2
直线的投影 ………………………………………………………………………………… 3
平面的投影 ………………………………………………………………………………… 4
直线与平面的相对位置 …………………………………………………………………… 5
点、直线、平面的综合题 ………………………………………………………………… 6
立体的投影 ………………………………………………………………………………… 7
轴测投影 …………………………………………………………………………………… 13
剖面和断面 ………………………………………………………………………………… 17
展开图 ……………………………………………………………………………………… 21
单线图 ……………………………………………………………………………………… 25
建筑施工图 ………………………………………………………………………………… 29
给水排水、暖通空调施工图识图及抄图作业指导书 …………………………………… 34
给水排水施工图资料 ……………………………………………………………………… 35
供暖施工图资料（一） …………………………………………………………………… 38
供暖施工图资料（二） …………………………………………………………………… 41
通风空调施工图资料 ……………………………………………………………………… 47

1. 选取适当比例，抄绘下列图形并完成尺寸标注。

2. 选取适当比例，抄绘下列图形并完成尺寸标注。

| 平面几何图形绘制 | 班级 | 姓名 | 日期 | 1 |

1. 根据直观立体图，作 A、B、C 三点的三面投影。

2. 求各点的第三面投影。

3. 比较两个点的相对位置关系并填空。

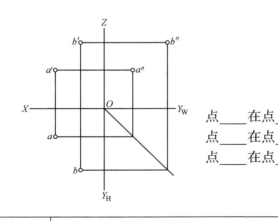

点____在点____的上方
点____在点____的前方
点____在点____的左侧

4. 点 B 在点 A 的上方 10mm，左方 15mm，前方 8mm；点 C 在点 B 的正右方 10mm。求点 B、点 C 的三面投影。重影点需要判别可见性。

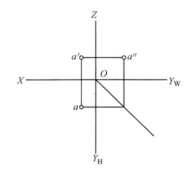

| 点的投影 | 班级 | 姓名 | 日期 | 2 |

1. 在 AB 上找一点 C，使其分 AB 为 1∶2。

2. 作下列直线的三面投影：
   （1）水平线 AB，从点 A 向左、向前，$\beta=45°$，长 20mm。
   （2）正垂线 CD，从点 C 向后，长 15mm。

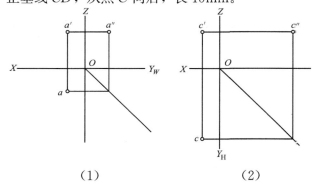

（1）　　　　　　　（2）

3. 判断下列各图中两直线的相对位置。
   （1）（　　　）　　　　（2）（　　　）

（3）（　　　）　　　　（4）（　　　）

 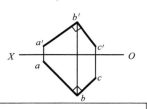

4. 过点 A 作直线 AB 与 CD、EF 两直线均相交。

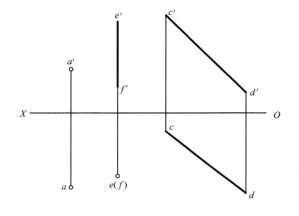

| 直线的投影 | 班级 | 姓名 | 日期 | 3 |

1. 三角形ABC平行于直线DE和FG，补全三角形ABC的水平投影。

2. 求直线与平面的交点，并判别可见性。

（1）

（2）

3. 求直线AB与平面CDEF的交点，并判别可见性。

（1） （2）

4. 过点K作平面的垂线，并求出垂足。

（1）

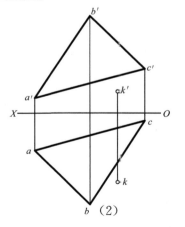
（2）

直线与平面的相对位置

1. 过点 K 作直线与交叉两直线 AB、CD 均相交。

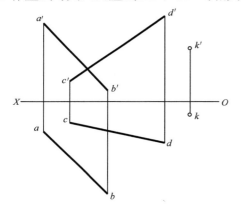

2. 作直线与 AB、CD 都相交，且并行于直线 EF。

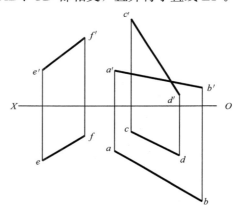

3. 过点 A 作直线 AB，平行于三角形 CDE，并与直线 FG 交于 B 点。

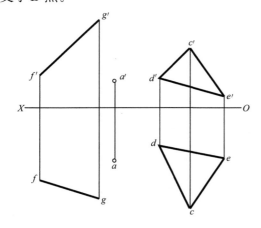

4. 作等腰三角形 CDE，边 CD＝CE，顶点 C 在直线 AB 上。

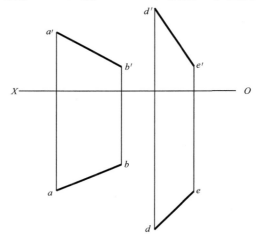

| 点、直线、平面的综合题 | 班级 | 姓名 | 日期 | 6 |

1. 平面体的投影

（1）已知正五棱柱高为 20mm，下底面与 H 面平行且距离为 5mm，试作五棱柱的 V、W 面的投影。

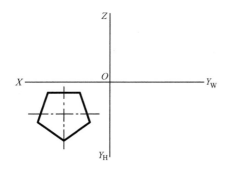

（2）已知正六棱锥高为 20mm，下底面与 V 面平行且距离为 5mm，试作六棱锥的 H、W 面的投影。

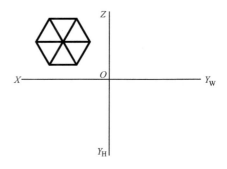

（3）作四棱柱的 W 面投影，并求其表面上 A、B、C、D 点的另两面投影。

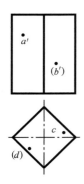

（4）作五棱锥体表面上点 A、D 及直线 BC 的另两面投影。

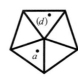

| 立体的投影 | 班级 | 姓名 | 日期 | 7 |

2. 曲面体的投影

(1) 作圆柱的侧面投影，并求其表面上 A、B、C、D、E 点的另两面投影。

(2) 作圆锥的侧面投影，并求其表面上 A、B、C 点的另两面投影。

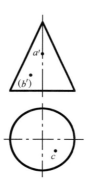

(3) 作圆锥的水平面投影，并求其表面上 C 点及曲线 AB 的另两面投影。

(4) 作球体的侧面投影，并求其表面上 C、D 点及曲线 AB 的另两面投影。

| 立体的投影 | 班级 | 姓名 | 日期 |

7. 根据立体图作形体的三面投影图（比例1：1）。

(1)

(2)

(3)

(4)

立体的投影

7. 画斜等轴测图。

8. 画斜等轴测图。

| 轴测投影 | | 班级 | | 姓名 | | 日期 | | 16 |

2. 画出 1-1 阶梯剖面图和 2-2 剖面图。

5. 作四节虾壳弯管的展开图（下端两节）。

6. 作上平下斜的圆锥管的展开图。

| 展开图 | 班级 | 姓名 | 日期 | 23 |

7. 作给料斗的展开图。

8. 作上圆下方管（天圆地方）的展开图。

| 展开图 | 班级 | 姓名 | 日期 | 24 |

4. 根据正等轴测图，试画 V、H 面投影图。

5. 根据斜等轴测图，试画 V、H 面投影图。

| 单线图 | 班级 | 姓名 | 日期 |

建筑平、立、剖面图作业指示书（一）

一、目的
1. 了解房屋建筑平、立、剖面图的表达方法，熟悉线形和尺寸标注。
2. 熟悉房屋建筑图的绘图步骤。

二、作业内容
根据建筑平、立、剖面图的形成，了解建筑平、立、剖面图的表达方法。

按建筑图的线形要求，加深图线，完成图上遗漏的尺寸标注、轴线编号、标高尺寸、图名、比例等。

三、作业要求
运用线型正确；线条均匀光滑，粗细有别；层次分明统一；接头严密；布局匀称合理；尺寸标注规格；字体工整；图面整洁。

四、线形
图线宽度 b 的选择是根据图的比例确定的。

1. 平面图
被剖切到的墙、柱的断面轮廓线画粗实线。

没有剖切到的、投影可见轮廓线，如台阶、花台、梯段及扶手等画中粗线。

尺寸线、标高等标高符号、轴线及编号圆圈画细线。

没有剖到的高窗、墙洞等画中粗虚线。

2. 立面图
室外地坪线用加粗线 $1.4b$ 并超出立面边线 10~15mm。

最外轮廓线用粗实线 b。

主要部分轮廓线（凸出的雨篷、阳台、勒脚、台阶、门窗洞口、窗台等）用中粗线 $0.7b$。细部轮廓线（门窗扇、分格线、装修花饰、雨水管、引出线、标高符号、轴线及编号圆圈等）用细实线 $0.25b$。

3. 剖面图
室外地坪线画加粗线 $1.4b$。

被剖切的墙身以及房间、走廊、楼梯平台的楼板层、屋顶轮廓线画粗线 b。

其他未剖切到的、投影可见轮廓线均画中粗线 $0.5b$。

门窗扇及分格线、水斗、雨水管均画细实线 $0.35b$。

比例在 1:100 或更小时，不画材料图例，钢筋混凝土梁、板、楼梯等涂黑。两个相邻涂黑的图例之间应留有空隙，其宽度不得小于 0.7mm。

五、图名与比例
每个图样，一般均应标注图名。图名宜标注在图样的下方或一侧，并在图名下绘一粗横线，其长度以图名所占长度为准。图名宜用 7 号或 10 号字，比例用 2.5 号字或 3 号字。

六、作图步骤
1. 布图：确定各图的位置并留足标注尺寸和注写图名的位置。
2. 画平、立、剖面图的底稿线。

平面图：定轴线→画墙宽→画门窗洞位置→画室外台阶踏步和散水等细部。

剖面图：画室外地坪线及墙体轴线→画室内地面及层高→画墙体及挑檐→画屋顶→画门窗洞口及细部。

立面图：画室外地坪线及左右最外墙轴线、边线→确定勒脚的宽高→屋高、檐口高→屋顶高→画门窗洞口高及窗台→定出挑檐高度和宽度→画其他细部。

3. 加深线型。
4. 标注尺寸。
5. 修整图面。

注：
1. 檐口挑出墙面为 400mm。
2. 砖砌窗台高 120mm，挑出墙面 60mm，左右各伸出 60mm。
3. 雨篷（长×宽×高）为 2000mm×1200mm×200mm。

建筑施工图	班级		姓名		日期	

作业资料（一）
抄绘下列图样，并按规定加深图线，补全所缺尺寸、轴线编号等标注。

| 建筑施工图 | 班级 | 姓名 | 日期 | 30 |

建筑平、立、剖面图作业指示书（二）

一、目的
1. 进一步熟悉建筑平、立和剖面的表达方法、绘图步骤和尺寸标注。
2. 培养运用线型的能力。

二、作业内容
根据给出的房屋轴测图、透视图、门窗详图绘制建筑平面、立面、剖面图。

三、作业说明
1. 图幅：A2。
2. 图名：建筑平面、立面、剖面图。
3. 图号：No。
4. 比例：1：50。

四、作业要求
作图准确；运用线形正确；线条均匀光滑，粗细有别，层次分明统一，接头严密；布局匀称合理；尺寸标注规格；字体工整；图面整洁。

五、作图步骤
1. 图面布置：如图1。

根据建筑施工图的特点，进一步熟悉布图。首先确定①和Ⓐ轴线相交点的位置，即安排好平面图的布置，再根据剖面的大小，统筹布图。

2. 绘图顺序

平面图→剖面图→立面图。这样根据投影关系较容易绘出立面图。

其他作图步骤参考教材例图。

六、几点说明
1. 轴测平面图给出的尺寸是指剖切平面所在位置的平面尺寸。
2. 踢脚线高150mm，屋面板搭进墙内120mm，散水宽600mm，挑檐板尺寸见檐口及窗台详图。
3. 台阶定位和定形尺寸如图2。

图1

图2

| 建筑施工图 | 班级 | 姓名 | 日期 | 31 |

作业资料（二）
根据建筑物的轴测图、透视图、门窗详图画平、立、剖面图。

建筑施工图   班级   姓名   日期   32

给水排水、暖通空调施工图识图及抄图作业指导书

一、目的

1. 熟悉给水排水、暖通空调施工图的表达内容和图示特点。
2. 掌握暖通空调施工图的绘图方法。
3. 理解建筑与暖通空调施工图的平面图、系统图、剖面图等之间的对应关系。

二、图纸

采用 A3、A2 幅面绘图纸。

三、标题栏

学生制图作业的标题栏格式

四、比例

采用 1∶20、1∶50 比例。

五、内容

抄绘习题集给定的内容（见施工图资料）。

六、要求

1. 在看懂了图样及其各项内容后，方可开始画图。
2. 可用 A3、A2 幅面图纸布置图画。在布置图画时，应做到合理、匀称、美观。
3. 绘图时要严格遵守《房屋建筑制图统一标准》GB/T 50001—2017、《建筑给水排水制图标准》GB/T 50106—2010、《暖通空调制图标准》GB/T 50114—2010 的各项规定，如有不够熟悉之处，必须查阅有关标准或教材。

七、说明

1. 建议图线的基本线宽 b 用 0.7mm。尺寸数字的字高 2.5mm，文字说明中的汉字的字高用 3.5mm，数字字高用 2.5mm。详图符号中的数字的字高用 5mm，比例数字的字高用 3.5mm。
2. 本作业的尺寸数、文字，一定要认真书写，汉字采用长仿宋体。
3. 图中未注明尺寸处，可按比例估算画出。

某住宅楼给水系统图

某住宅楼排水系统图

某小学教学楼二层供暖平面图 1:100

供暖施工图资料（二）

某小学教学楼三层供暖平面图 1:100

供暖施工图资料（二）

某小学教学楼四层供暖平面图 1:100

| 供暖施工图资料（二） | 班级 | 姓名 | 日期 | 44 |

某小学教学楼供暖系统图(一)

某小学教学楼供暖系统图(二)

某商场空调机房平面图

说明：
01—空调机组；02—空调机组；03—送风静压箱；04—回风静压箱；05—送风静压箱；06—回风静压箱；07—防火阀；08—防火阀；09—电动密闭阀；10—电动密闭阀；11—新风静压箱；12—新风静压箱；13—新风百叶窗；14—新风百叶窗；15—对开调节阀；16—对开调节阀

某商场1层空调系统图